有哪些证据可以证明植物是活的?

星空下，植物茂密地生长着，展现出了蓬勃的生命活力。

春天，迎春花似乎总是最先开放的。春寒料峭、花卉稀少的时候，我们就已经能够看到那一片片鲜嫩的鹅黄。

看，迎春花开了，像张开了一只小小的手。

茎吸水的实验

这支百合没有根了，但上面还有没开放的花苞，它们还能开放吗？我们可以做个小实验来寻找答案。

你认识这种植物吗？可能看上去比较陌生，但是它的果实你一定很熟悉。

它就是草莓。植物孕育果实也要经历一个不断变化的过程，才能生长成我们熟悉的样子。

我们把一些草莓种子泡在水里，小小的种子吸饱了水，慢慢长出了纤细的根。泡发后，我们把它们种在肥沃疏松的土壤中。

耐心等待两周，草莓萌发出两片小小的嫩绿色叶子。

叶子越长越多，大约一个月后，草莓长出了花蕾。

又过去了两周，草莓开花了。花朵有着5片白色的小花瓣，看上去很薄也很嫩。中间是花蕊，仔细观察，你能发现它们有哪些不同吗？那些顶端有黄色小圆片的是雄蕊，中间短短的是雌蕊。

慢慢地，先开放的花朵花瓣缩小、枯萎了，显露出了果实的雏形。

果实是浅绿色的，上面布满了小小的颗粒，还长着细细的绒毛。

果实越来越大，慢慢变成了红色。看看它是从哪里开始变色的？

草莓成熟了，红红的，变成了我们最熟悉的模样。

我们摘下成熟的果实，草莓的植株开始迅速生长。

从一粒小小的种子，到长叶、开花、结果、继续生长，草莓逐渐长成了现在的模样，发生了巨大的变化。

你知道这是什么树吗?

是的，这是银杏树，秋天时的银杏树。

你留意过其他季节的银杏树是什么样子吗?其实植物在一年四季中也会有很大的变化。

春天，小小的嫩绿色树叶从枝条中悄悄钻出来，好几片嫩叶挤在一起，带着湿润的气息，萌动着生命的力量。

银杏的一年四季

到了四月中旬，银杏树长出了奇怪的东西，你知道这是什么吗？这其实是银杏树的花。这些像小麦穗一样的花是雄花。

像这样，长长的梗上顶着两个小球的花是雌花。

雄花和雌花分别生长在不同的银杏树上。和我们常见的花不同，它们是没有花被的。

天气渐渐热了起来，开雌花的银杏树上长出了许多嫩绿色的小圆球，这就是银杏树的果实。

到了夏天，银杏树的枝条也变绿了，它们的叶片逐渐变大，变成了深绿色。

天气渐渐转凉，秋天来了，银杏树迎来了一年中色彩最绚丽的时节。树叶由绿色变为金黄色，如同盛开的花朵，为我们的秋天增添色彩。

嫩绿的银杏果实也渐渐变成了黄色、橙红色。果实表面慢慢皱缩起来，不久它们就会掉落在地上。这时，我们在银杏树附近往往能够闻到奇怪的味道。

天气越来越冷了，一阵寒风吹来，银杏叶纷纷飘落。

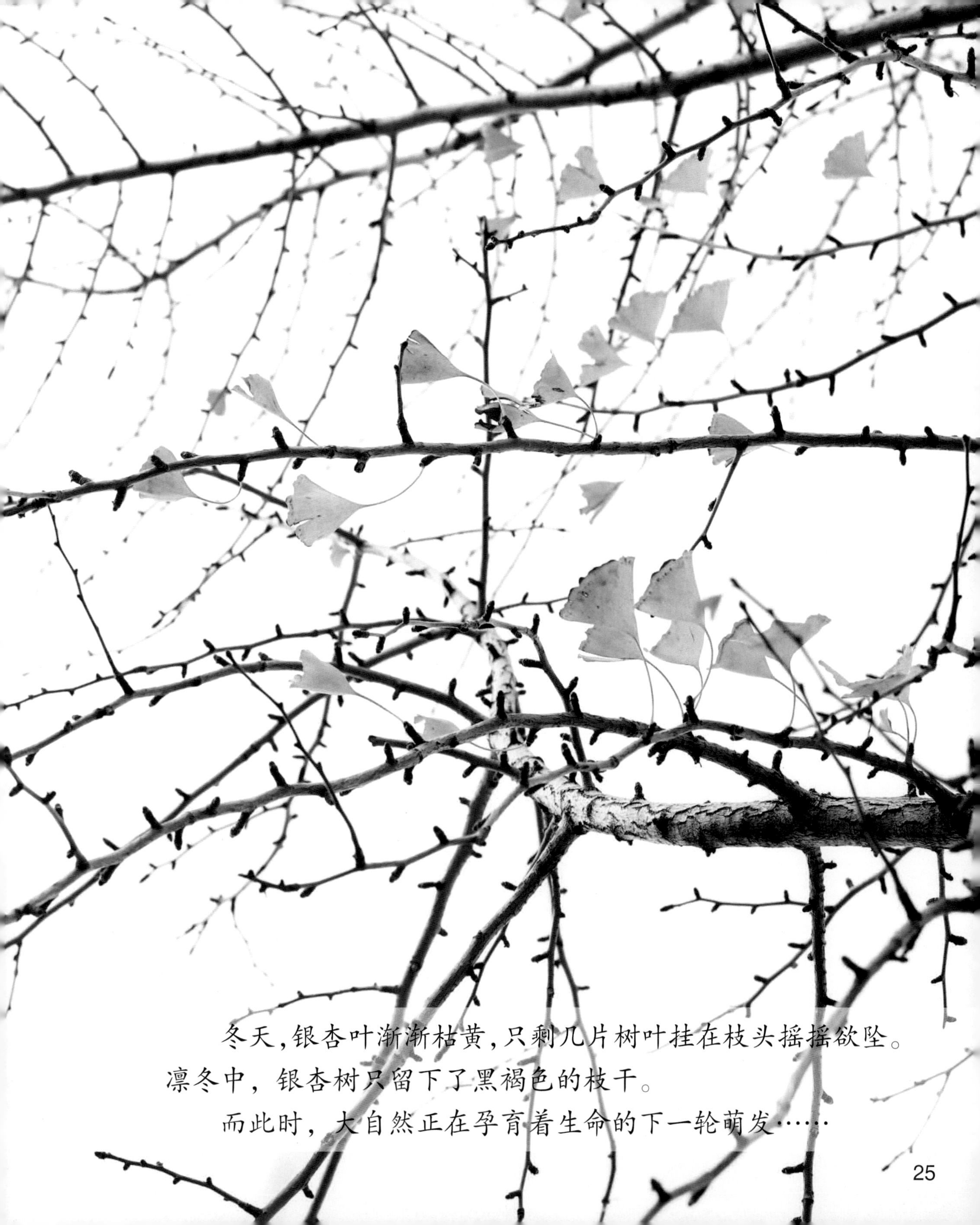

冬天，银杏叶渐渐枯黄，只剩几片树叶挂在枝头摇摇欲坠。凛冬中，银杏树只留下了黑褐色的枝干。

而此时，大自然正在孕育着生命的下一轮萌发……

看！窗边的凤仙花长出了嫩芽，阳光透过玻璃窗，照在它小小的叶片上，叶片朝着阳光照来的方向歪着头。你还知道什么植物喜欢追着太阳生长吗？

向日葵也是这样，它因为花序会随太阳转动而得名。

这就是向日葵的“脑袋”——由中间的筒状花冠和周围的舌状花冠组成的头状花序。

到了晚上，没有了阳光，向日葵又会怎样呢？它的花序会慢慢地回到原来的位置。

你知道有些植物是有“触觉”的吗？

扫码观看

捕蝇草捕食昆虫

这是捕蝇草，它有着让人过目难忘的外观。

当一只小虫爬到捕蝇草的叶片表面时，叶片的两瓣便会合拢，把小虫夹在中间。

那么，捕蝇草是如何感知猎物的呢？又是如何判断这个猎物的个头大小是否合适，可否食用的呢？

仔细看，捕蝇草的每个瓣片内侧的粉红色表面上，生长着几根尖尖的细毛，这些细毛就是触发器，能触发“捕虫器”突然闭合。

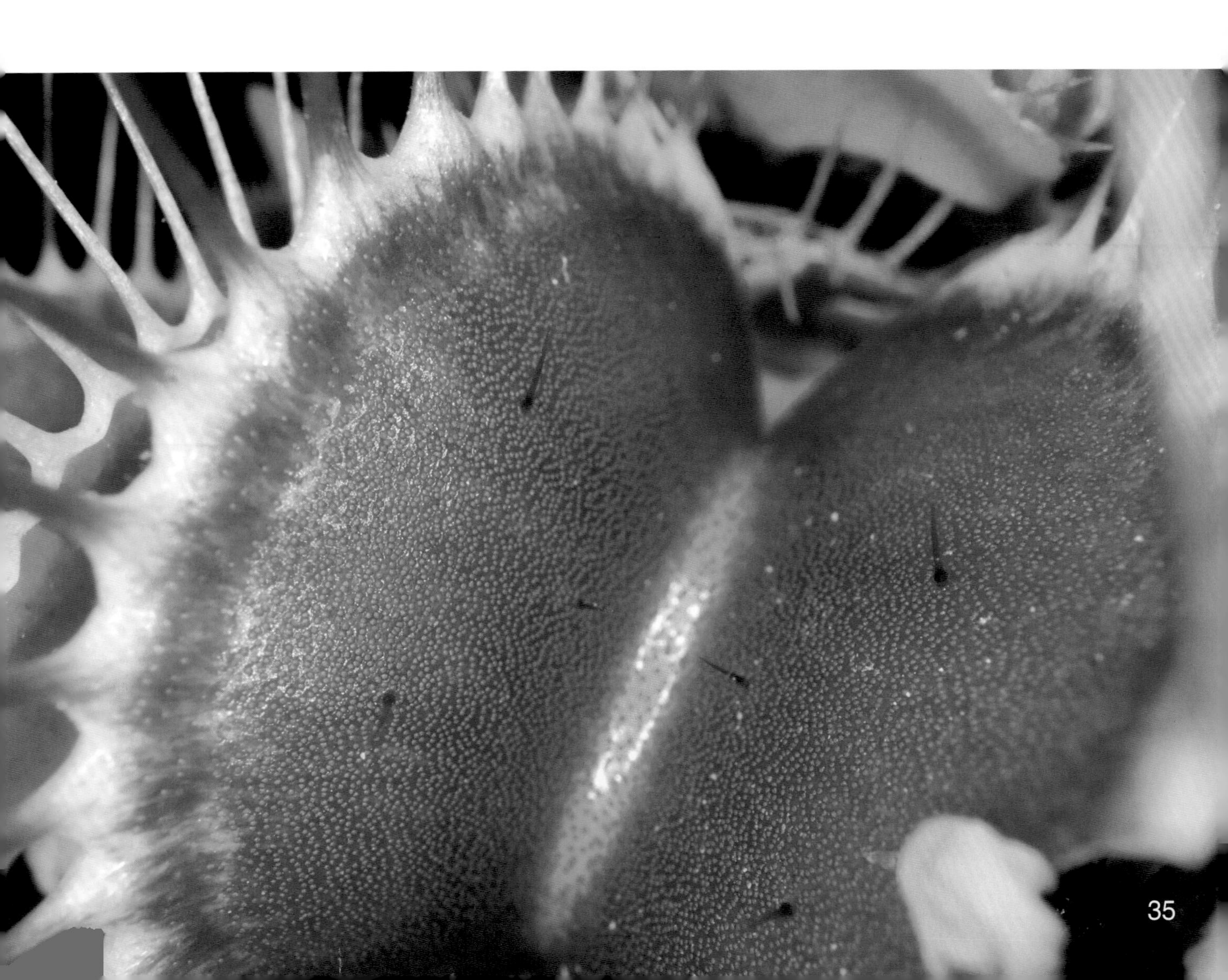

含羞草也是一种著名的具有“触觉”的植物。

含羞草细细长长的叶柄上，长着羽毛状的叶片。

你知道植物的叶子
有什么“本领”吗？

世界上的植物超过 30 万种，也就有了各种形状的叶。

有的叶很大，比如王莲的叶，直径可达3米以上，叶面光滑，叶的边缘向上卷起，像一个绿色的大盘子浮在水面上。它的叶脉像伞的骨架一样，所以具有很大的浮力，有的可承受六七十千克重的物体。

有的叶很小，比如绿玉树的叶，只有7~15毫米。

有的叶很长，比如椰树的叶有好几米长，最长的能达到 20 多米。

有的叶很硬，比如剑麻的叶，直挺挺的，很难掰断。

有的叶像花瓣一样，可以起到类似花瓣招引传粉昆虫的作用，比如三角梅，粉色、白色的叶子看上去就像花瓣一样。

有的叶上长满了细毛，很有可能是为了避免被食草动物吃掉，起到保护作用，比如南瓜的叶。

有的叶上会长出新的植株。你看，落地生根叶子上长出的小小叶片下面带着根，都是新的植株。

有的叶对于小型的昆虫来说很危险，比如猪笼草，它的叶像一个小漏斗，里面有昆虫喜欢的甜蜜汁液，昆虫掉进去可就出不来啦。

仙人掌你一定不陌生，但是你知道它的叶是什么样的吗？

这绿色的圆片可不是它的叶，而是它的茎，那些扎手的小刺才是它的叶。原产于沙漠的仙人掌，为了适应干旱的环境，减少水分蒸发，它的叶就逐渐变成了刺。

植物的叶多种多样，世界上没有完全一样的两片叶。那么，如此多的叶，我们应该怎样认识它们呢？

其实叶一般都是由叶片、叶柄和托叶三部分构成，比如梨的叶。

三部分都具有的叶被称为完全叶，比如桃的叶子。叶片和叶柄我们很容易就能找到，托叶就需要我们仔细观察了。你找到了吗？

只具有其中一部分或两部分的叶被称为不完全叶，比如连翘就没有托叶。

有的植物一个叶柄上只生有一片叶子，这就是单叶，比如波罗蜜的叶。

在一个叶柄上生有两个或两个以上叶片的叶，被称为复叶，比如槐，一条叶柄上长出了很多叶片。

有的复叶像羽毛，比如刚刚说到的槐的叶，还有美丽决明的叶，这是羽状复叶。

有的复叶像手掌，比如鹅掌藤的叶，这是掌状复叶。

有的复叶叶轴上生着三个叶片，比如酢浆草，这是三出复叶。

还有的复叶比较特殊，它们形似单叶，但是叶柄与叶片之间有明显的关节，比如柚子树的叶，这是单身复叶。

叶片的形态多种多样、大小各异。但是，就一种植物来说，叶片的形态还是比较稳定的。

你看，萱草的叶是细细长长的条形叶。

松树的叶是又尖又细的针形叶。

这是莲的叶，是圆形叶。

大叶黄杨的叶有些像鸟类的卵，这是卵形叶。

薯蓣的叶，像不像桃心？这是心形叶。

这是慈姑的叶，像一个箭头。

这是轮环藤的叶，接近三角形。

车前草的叶很像一个汤匙，这是匙形叶。

银杏的叶像一把小扇子，这是扇形叶。

这是垂柳的叶，它的长是宽的 4 ~ 5 倍，中部以下最宽，上部渐渐变得狭窄，这样形状的叶被称为披针形叶。披针形叶是高等植物中最常见的叶形。

不同的叶的叶尖也有着突出的特点。你看，这是菩提树的叶，它的尖端延伸较长，像不像条小尾巴？

扫码观看

不同的叶尖

这是桃的叶，它的尖端是个锐角。

这是厚藤，它的叶尖有个小小的凹陷。

大叶黄杨的叶尖是圆钝的。

剑麻的叶尖上有尖尖的芒刺。

酢浆草的叶尖是心形的。

这是鹅掌楸，它的一些叶片的叶尖更奇特，几乎是平的。

不同的叶缘

不同植物叶的边缘也有所不同。玉兰叶的边缘是平整的；小粒咖啡叶的边缘是波浪状的；月季叶的边缘是锯齿状的；桑叶的边缘是牙齿状的；麻栎叶的边缘伸出了芒刺一样的凸起。

玉兰叶

小粒咖啡叶

月季叶

桑叶

麻栎叶

还有的叶边缘有很明显的缺刻形态。有的像手掌，比如木薯的叶。

有的像羽毛，比如椰树的叶。

不同的叶序

叶在茎上的排列也很有特点，我们称之为叶序。常见的叶序有互生——每节上只长一片叶，比如桃的叶序。

对生是指每节上相对生长着两片叶，如石竹、泡叶冷水花等。

泡叶冷水花

石竹

轮生是指在同一节上长着3片或3片以上的叶，如夹竹桃、软枝黄蝉等。

夹竹桃

软枝黄蝉

簇生是指3片或3片以上的叶生长在极短的短枝上，如银杏。

植物通过一定的叶序，使叶均匀、适合地排列，能充分地接收阳光，有利于光合作用的进行。

我们看到的叶多是深浅不同的绿色，但是有些植物的叶是其他颜色的，比如红背桂的叶是紫红色的，花叶扶桑的叶是粉红色的。还有的叶会随着天气的变化而变成红色或黄色。

红背桂

花叶扶桑

这些不同的颜色其实是由叶内所含的色素造成的。叶子内部含有叶绿素、叶黄素、胡萝卜素和花青素等色素。通常，叶绿素占优势的叶片呈现出绿色。天气凉了，植物的叶慢慢衰老，叶绿素最先被破坏或降解，叶黄素和胡萝卜素占据优势，所以叶子就呈现黄色。呈现红色则是花青素占据优势。

叶是植物的营养器官之一，是植物进行光合作用、制造有机养分的重要场所，也是蒸腾作用的重要器官。

蒸腾作用是植物对水分的吸收和运输的主要动力来源，特别是高大的植物，就像这些棕榈树，假如没有蒸腾作用，植株较高的部分就无法获得水分。

你观察过凤仙花的生长过程吗？
你知道它的种子是如何传播的吗？

四月的一天，春风和煦，几颗凤仙花种子即将开始它们的生命旅程。

凤仙花的种子圆圆的，颜色是黑褐色，直径只有 1.5~3 毫米。

疏松、肥沃、湿润的土壤，充足的阳光以及暖和的天气是凤仙花最爱的环境。

让我们一起来种植凤仙花吧！

种植凤仙花

在这里，凤仙花的种子开始复苏，吸收土壤中的养分，孕育蓬勃的生命。

这是新生命的种子萌发，冲破种皮，长出了细嫩的根，向土壤的深处伸展。

凤仙花的种子发芽了

慢慢地，凤仙花种子顶出了嫩芽，看，嫩芽上有几片叶子？是什么形状的？

凤仙花的根生长得很快，向下生长的主根，会慢慢地长出许多侧根，能够帮助它稳固地直立在土壤中，同时吸收更多养分。随着凤仙花的生长，它的根可以长到 30～40 厘米。

快速生长的根吸收了土壤中的养分，凤仙花的茎和叶也开始快速生长。

凤仙花的茎

凤仙花的茎一般是直立生长的。

你注意到了吗？凤仙花的茎会呈现不同的颜色。有的是绿色的，有的则带有红色，这是什么原因呢？往后看，我们待会儿揭晓答案。

凤仙花的茎可以生长到60~100厘米。粗壮的茎支撑着整株凤仙花。

除了支撑作用，凤仙花的茎还有一个重要功能就是输送养分。根吸收的养分通过茎自下而上输送到叶、花、果实等部分；叶光合作用产生的养分通过茎运输到其他部分。

凤仙花的叶序

在茎和根不断生长的同时，凤仙花的叶也开始快速成长。

仔细观察，凤仙花的叶生长的位置有什么特点？

最开始时，它的叶子是在一个平面上对称生长的。

渐渐地，你会发现，凤仙花的叶子在茎的两侧依次生长，而每个茎节上只生长一片叶子，我们把这样的叶序称为互生。

每一片叶子都舒展开了，凤仙花的叶中间宽，两头尖，边缘有小小的锯齿，长 4~12 厘米，宽 1.5~3 厘米，叶片上有成对的叶脉。

叶子的生长很有规律，相互之间不会重叠。从正上方观察，伸展开的叶子就像一朵有着许多花瓣的绿色花朵。

这样的叶片生长状态，可以让每一片叶子都尽可能多地接收阳光的照射，从而获得生长所需的营养。

随着叶子的生长，我们惊喜地发现，在叶和茎的交叉处长出了几个小小的花蕾。

凤仙花的花蕾有的单独生长，有的两三个长在一起。

花蕾上面还长着绒毛。

花蕾连接花柄的一端较粗，旁边长着一根弯弯的“胡须”；另一端逐渐变尖，中间则是圆鼓鼓的。

凤仙花开放了，白色、粉色、粉紫色、红色、紫色，很多种颜色。

现在可以揭晓答案了！凤仙花不同颜色的茎往往表明它会开出不同颜色的花朵。带有红色茎的凤仙花往往会开出粉色、红色、紫色的花朵，而绿色茎的凤仙花则会开出白色的花朵。

扫码观看

不同颜色的茎
不同颜色的花

和我们通常见到的花不太一样，凤仙花的花瓣像一只小小的蝴蝶，伸展着翅膀。

旁边翘起的小“胡须”，弯弯的、嫩嫩的，这是它的花距。

这是凤仙花的雄蕊，里面包裹着的是雌蕊。

雄蕊脱落了，我们就能看清雌蕊了。

凤仙花的姿态优美，花色、品种极为丰富，可以美化我们的环境。不仅如此，它的花瓣还具有很好的染色作用，有人会用它来染指甲，所以，凤仙花也被叫作指甲花。

美丽的花朵渐渐凋谢了，凤仙花结出了小小的果实。

嫩绿色的果实，外面是白色的绒毛，顶端尖尖的，中间鼓出个“大肚子”。

渐渐地，果实变成了深绿色、黄褐色。果实成熟了，精彩的一幕即将上演。

你能说出花是由哪些结构组成的吗?

春天，漫山遍野的桃花开了。

扫码观看

桃花开了

花往往是一株植物最吸引人的部分。植物种类繁多，因此花的形态、大小、颜色和组成的数目也是多种多样的。

你看，这是郁金香。

这是向日葵。

这是百合。

这是桔梗。

这是樱花。

这是玉兰。

这是迎春花。

这是唐菖蒲。

这是石竹。

这是肾茶。

这是胡萝卜花。

这是荷花。

日常生活中，我们能见到很多美丽的花，它们千姿百态，色彩艳丽，带给人们美的享受。

那么，你仔细观察过它们吗？

扫码观看

花的结构

你看，这是桃花。下面我们就通过它来了解一朵完整的花都具有哪些结构吧。

最下面褐色的是桃花的花柄，也叫花梗，短短的；紧连着花柄的是桃花的花托，微微膨大；那几片像小叶子一样的是花萼；紧挨着花萼的是美丽的花瓣，我们称它为花冠；花萼和花冠合在一起，称为花被；花的中间是花蕊。

花柄是连接花和茎的。花柄既是各种营养物质由茎向花输送的通道，又支持着花，使它们向着各个方向展开。

各个结构的特点与作用

垂丝海棠

梨花

不同植物的花柄长短不一，有些花柄长一些，比如梨花、垂丝海棠等；有的很短，比如桃花；有的几乎没有花柄，比如贴梗海棠。

贴梗海棠

花托位于花柄的顶端，花的其他器官都是长在花托上的。看这朵桃花的剖面，花萼、花冠、花蕊都长在花托上。

这是月季花的花萼。花萼在花的最外面，通常是绿色的，结构和叶类似，也可以进行光合作用，为花芽提供营养。

有的花萼具有色彩，比如紫叶李的花萼是紫红色的。

花萼的内侧就是花冠了。花冠是一朵花最引人注目的部分。花冠由若干花瓣组成，有的花瓣比较少，只有一轮，比如桃花；有的则较多，有好几轮，像这朵牡丹。

牡丹花

花冠的形态多种多样。

这是五爪金龙，它的花冠下部呈筒状，逐渐向上扩大，像个漏斗，也像喇叭，这是漏斗状的花冠。

这是南瓜花，它的花冠筒宽而短，上部扩大像一口钟，这是钟状花冠。

这是茄子花，它的花冠筒也很短，花瓣向四周扩展，像车轮的轮毂，这是轮状花冠。

这是假杜鹃，它的花冠基部是筒状，上面就像张开的两片嘴唇，这是唇形花冠。

这是蓝花丹，它的花冠下部呈狭长的圆筒状，上部忽然呈水平扩大，像个小碟子，这是高脚碟形花冠。

这是二月兰，它的花冠由 4 片分离的花瓣排列成十字形，这是十字形花冠。

这是豌豆花，它的花冠和我们之前见到的不太一样，像一只蝴蝶，我们称它为蝶形花冠。

这是向日葵，它看上去是一朵很大的花，其实，它是由很多小花组成的，而且花冠有两种不同的形态。

花盘上的这些小小的花，一个个密密麻麻地排列着。仔细看，它们像不像一个个小圆筒？这是筒状花冠。

我们再看旁边这些黄色的花瓣，其实，它们每一片也都是一朵花，它们的基部是筒状，上端向一边张开，像扁平的舌头，这是舌状花冠。

雏菊也是这样的花冠，我们把它剥开，能看清它的筒状花冠和舌状花冠吗？

不同植物的花冠大小不一，形态各异，颜色也是缤纷多彩，常见的有红、黄、蓝、紫以及多样的过渡色彩。

甚至还有少见的黑色花冠，比如这株老虎须。

花瓣可以保护花蕊，有的花瓣基部还会分泌蜜汁，吸引昆虫。

多种多样的花色、花形、花味不仅可以吸引昆虫传粉，从而完成繁殖活动，还能美化我们的生活环境。

被花冠包围着的就是花蕊，花蕊分为雄蕊（群）和雌蕊（群）。

以桃花为例，看，这些数量很多、顶着花粉的小细丝就是雄蕊。

让我们来近距离观察桃花的雄蕊。

看，桃花的雄蕊是由花丝和花药两部分组成的。花丝细长，与花托相连；花药在花丝顶端，膨大成囊状，里面有花粉。

不同的植物有不同的雄蕊数量。比如唐菖蒲有 3 枚雄蕊，油菜花和大花葱有 6 枚雄蕊，吊灯扶桑则有多枚雄蕊。

唐菖蒲

油菜花

大花葱

吊灯扶桑

雌蕊位于花的中央。大多数花只有一枚雌蕊，就像这朵桃花。

但是梨花就有 2~5 枚雌蕊。

草莓的花雌蕊就更多了，中间这些短短的都是雌蕊。

我们来近距离地观察桃花的雌蕊。

雌蕊从上到下由柱头、花柱和子房3部分组成。

像桃花这样花柄、花萼、花冠、雌蕊、雄蕊都具备的，被称为完全花。白菜的花也是这样，你找到它的这些结构了吗？

有的花会缺少某些部分，比如南瓜的花，有的缺少雌蕊，有的缺少雄蕊。你看出来了吗？下面这两朵花的花蕊有哪些不同之处？

桑树的花是没有花瓣的。

这样的花是不完全花。

只有雄蕊的南瓜花

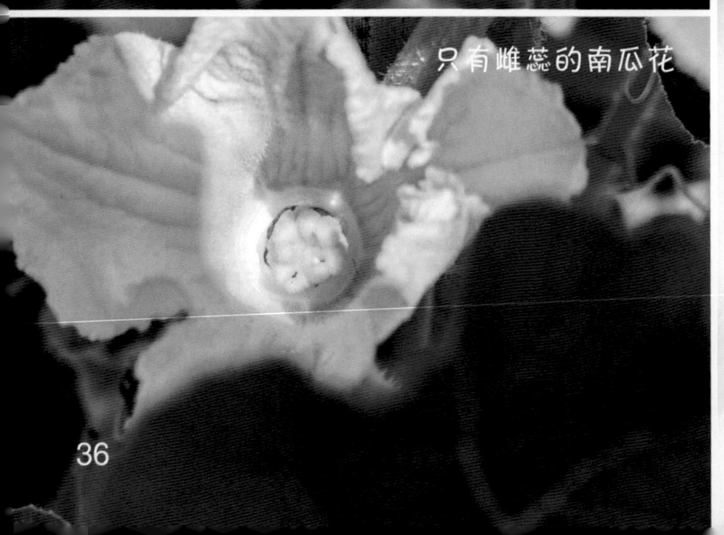

只有雌蕊的南瓜花

桑树花

刚才我们一直在关注花朵本身，现在让我们把视角往后移动一些，观察花朵在植株上的生长状态。

这是芍药和玉兰，它们的花开在什么位置呢？在这个位置上开了几朵花？

是的，它们开在枝条的顶端，而且那里只长有1朵花，我们把这种类型的花称为单生花。

芍药

玉兰

大叶黄杨

油菜花

大多数植物的花会按一定规律生长在花轴上，而且还有一定的开花次序，大叶黄杨和油菜的花就是这样。我们把花在花轴上排列的方式和开放次序称为花序。

你观察过植物的根和茎是如何
从种子里萌发出来的吗？

一颗种子有多么神奇呢?

种子萌发的
大自然

我们看到的很多植物都是由一颗种子生发而来的，比如这株高大的雨树。

还有这片美丽、嫩黄的油菜花田。

你认识这些种子吗？

你认识这些种子吗？

它们分别是水稻、绿豆、小麦、花生、玉米和蚕豆的种子。

这些小小的种子在一定条件下，会发生神奇的变化。

你还认得出长大的它们吗？
这是水稻。

这是绿豆。

这是小麦。

这是花生。

这是玉米。

这是蚕豆。

看，多么神奇的变化。你知道它们是如何变成这样的吗？

让我们把目光聚焦到种子的内部。

这是一颗玉米的种子，让我们把它剖开。

看，它是由胚根、胚轴、胚芽、子叶、胚乳、种皮组成的。

这颗只有5毫米大的种子却有着如此复杂的结构。

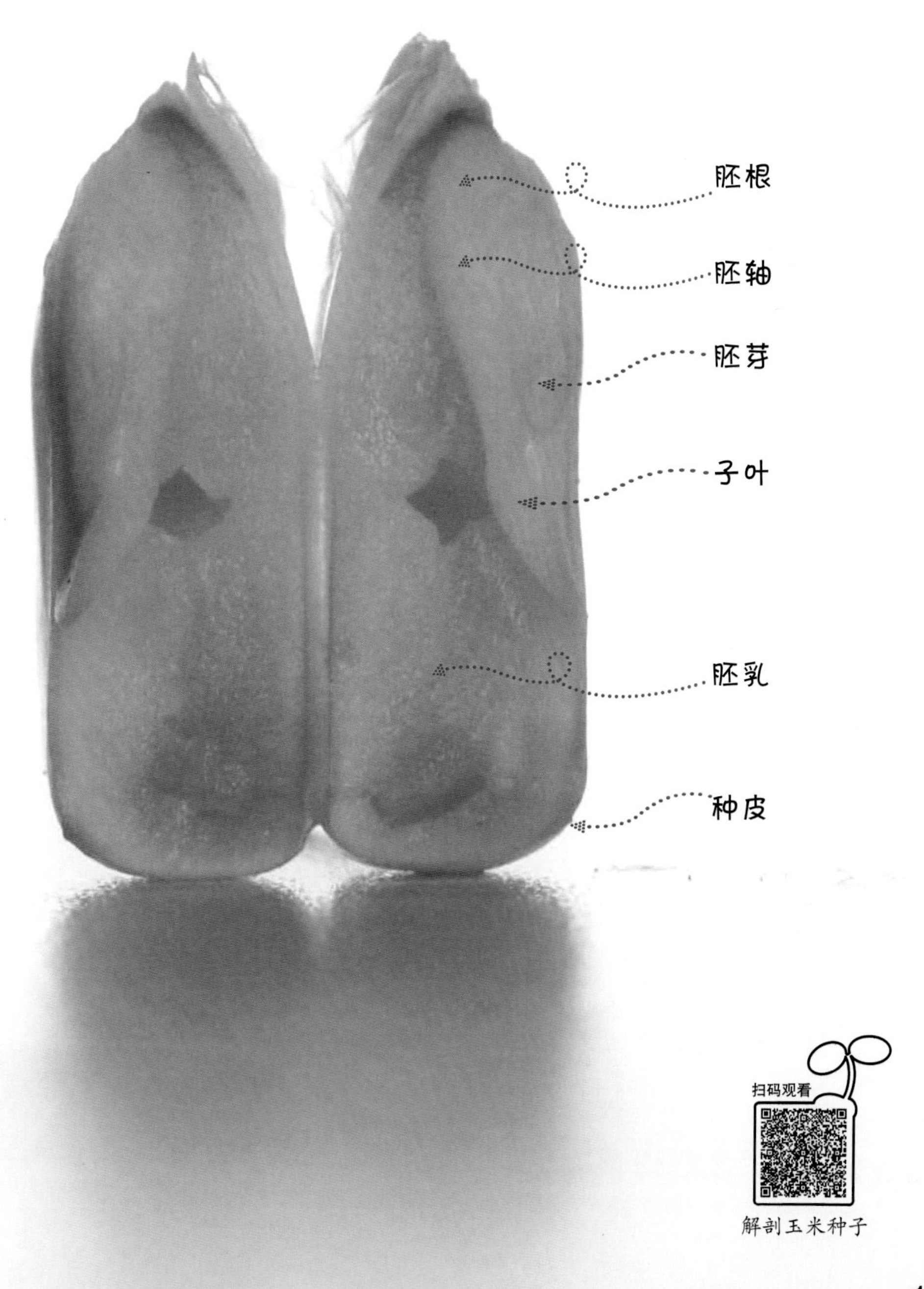

扫码观看

解剖玉米种子

这是一颗蚕豆的种子，我们把它也剖开看看。

它是由种皮、胚根、胚轴、胚芽和两片子叶组成的。

解剖蚕豆种子

在种子萌发的过程中，这些组成部分起到了什么作用，发生了哪些变化？

现在，让我们去寻找种子萌发所需要的条件。

充足的水分、阳光，足够的氧气和合适的温度，为种子的萌发提供了必需的条件。

我们先来种植玉米种子。

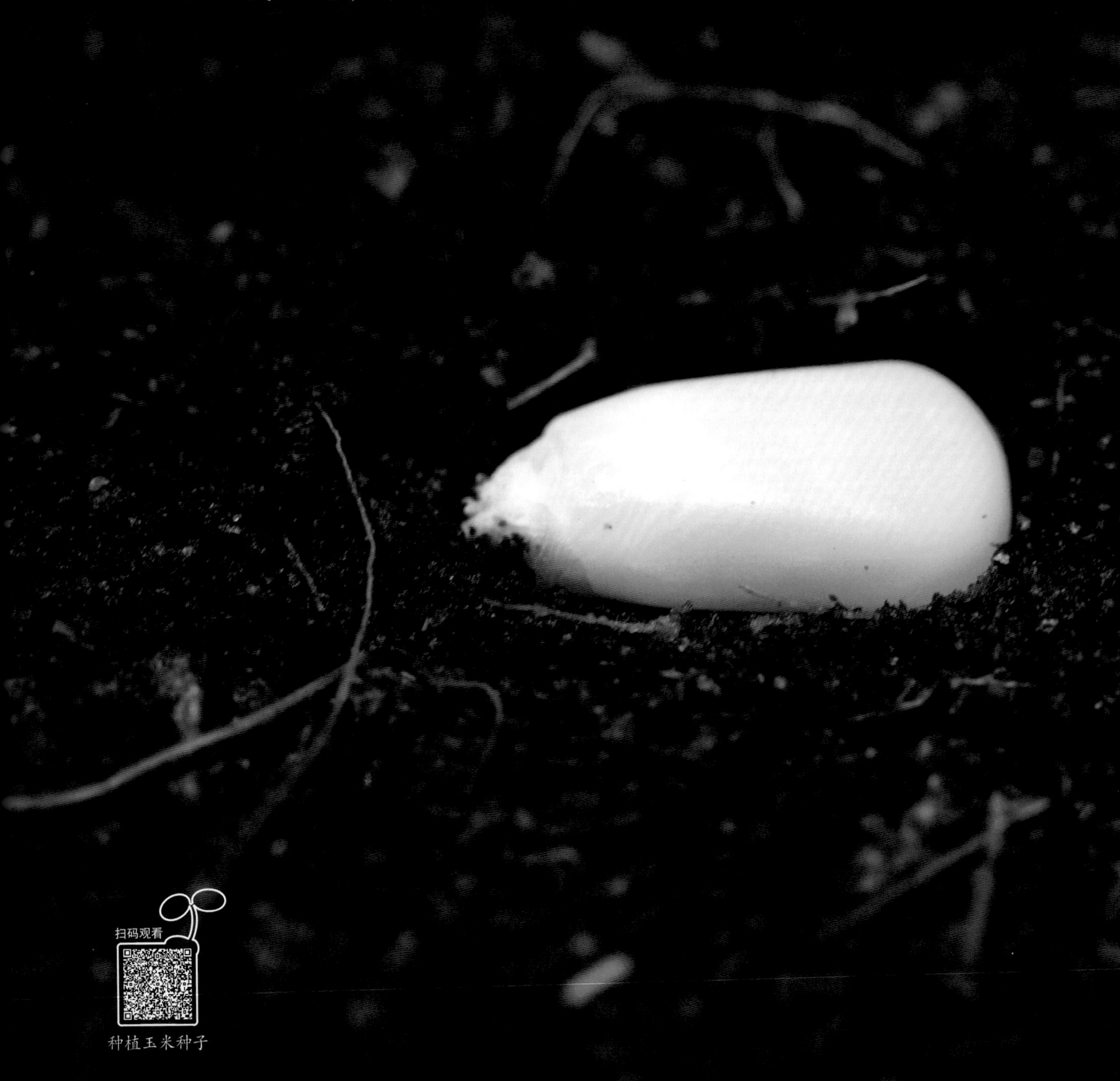

扫码观看

种植玉米种子

看，玉米的种子发生了什么变化？

扫码观看

玉米种子的萌发

玉米的种子吸收了足够的水分，变得湿润起来。

它先生出了根，根由胚根发育而成的。

它又长出了芽，芽由胚芽发育而成的。

胚轴是连接胚芽和胚根的结构，在种子萌发的过程中，胚轴也随之生长，成为幼根或幼茎的一部分。

我们再来看看蚕豆种子的萌发。

为了能够清楚地看到种子的变化，除了把蚕豆种植在土壤中，我们还可以用水培的方法来培育蚕豆。

扫码观看

水培蚕豆

我们再来看看蚕豆种子的萌发。

在水和阳光的滋养下，蚕豆的种皮破裂了。注意看，种皮是从哪里破裂开的呢？

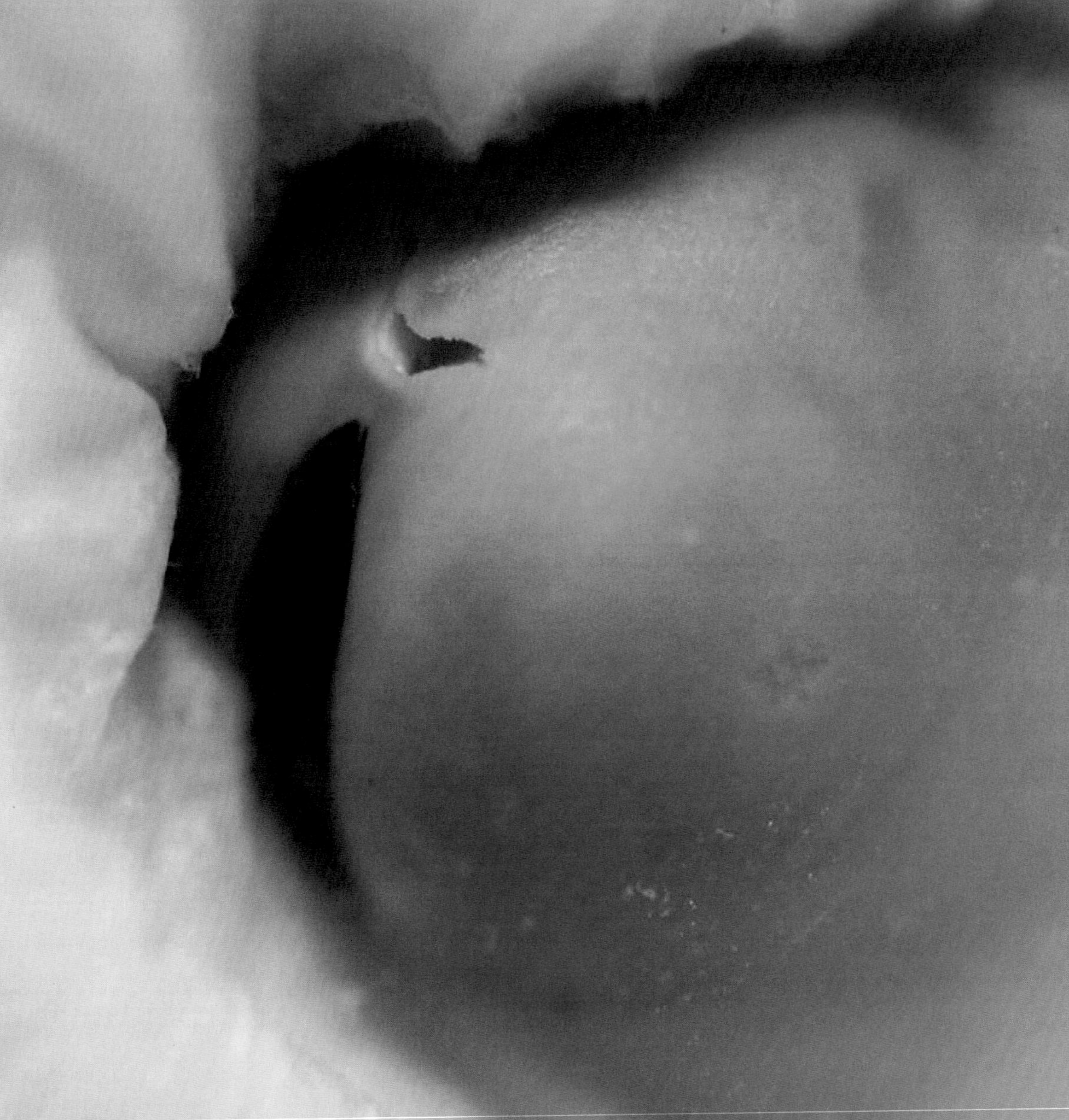

蚕豆种子的萌发

它先长出了白色的根，根由胚根发育而成的。

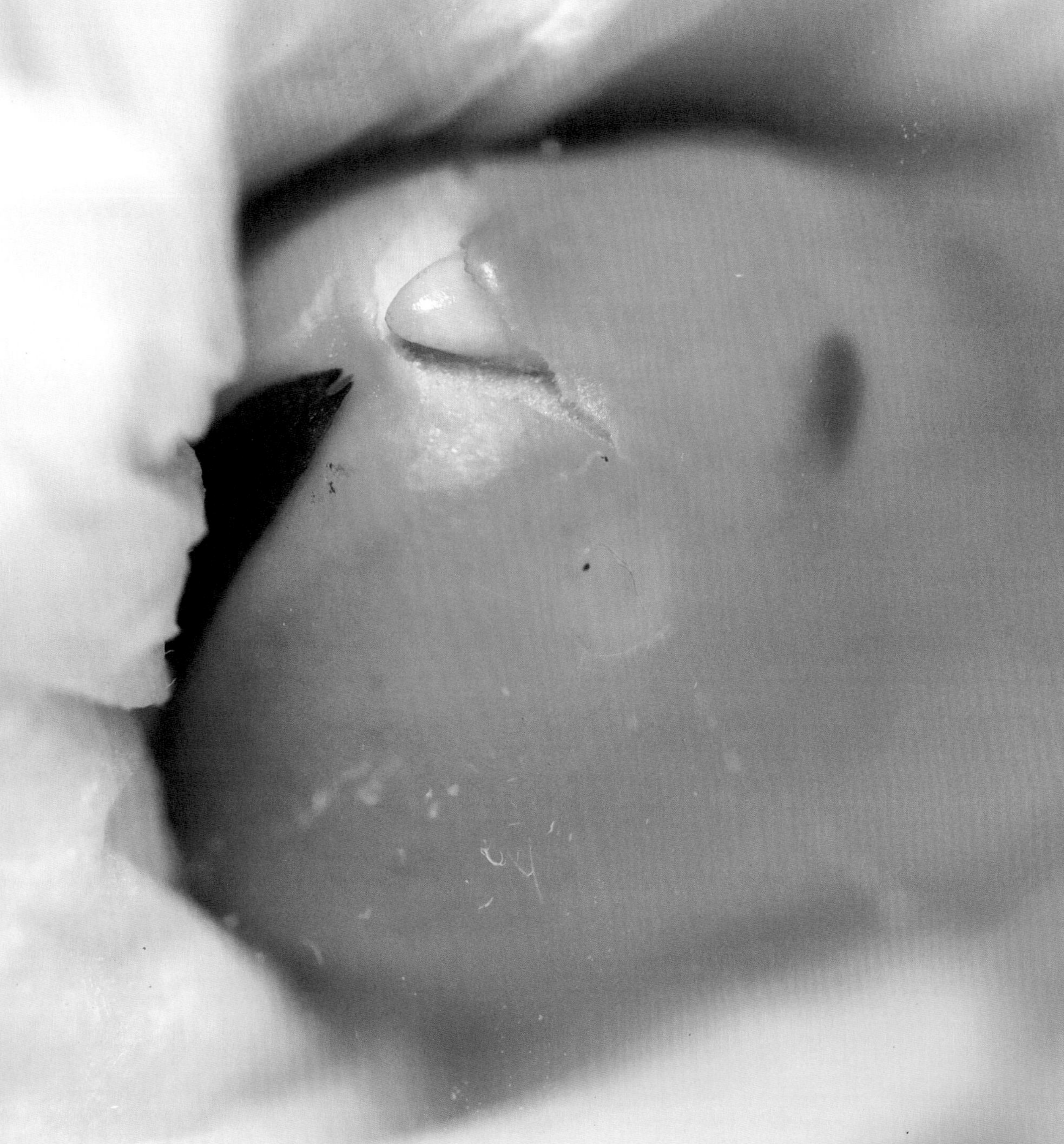

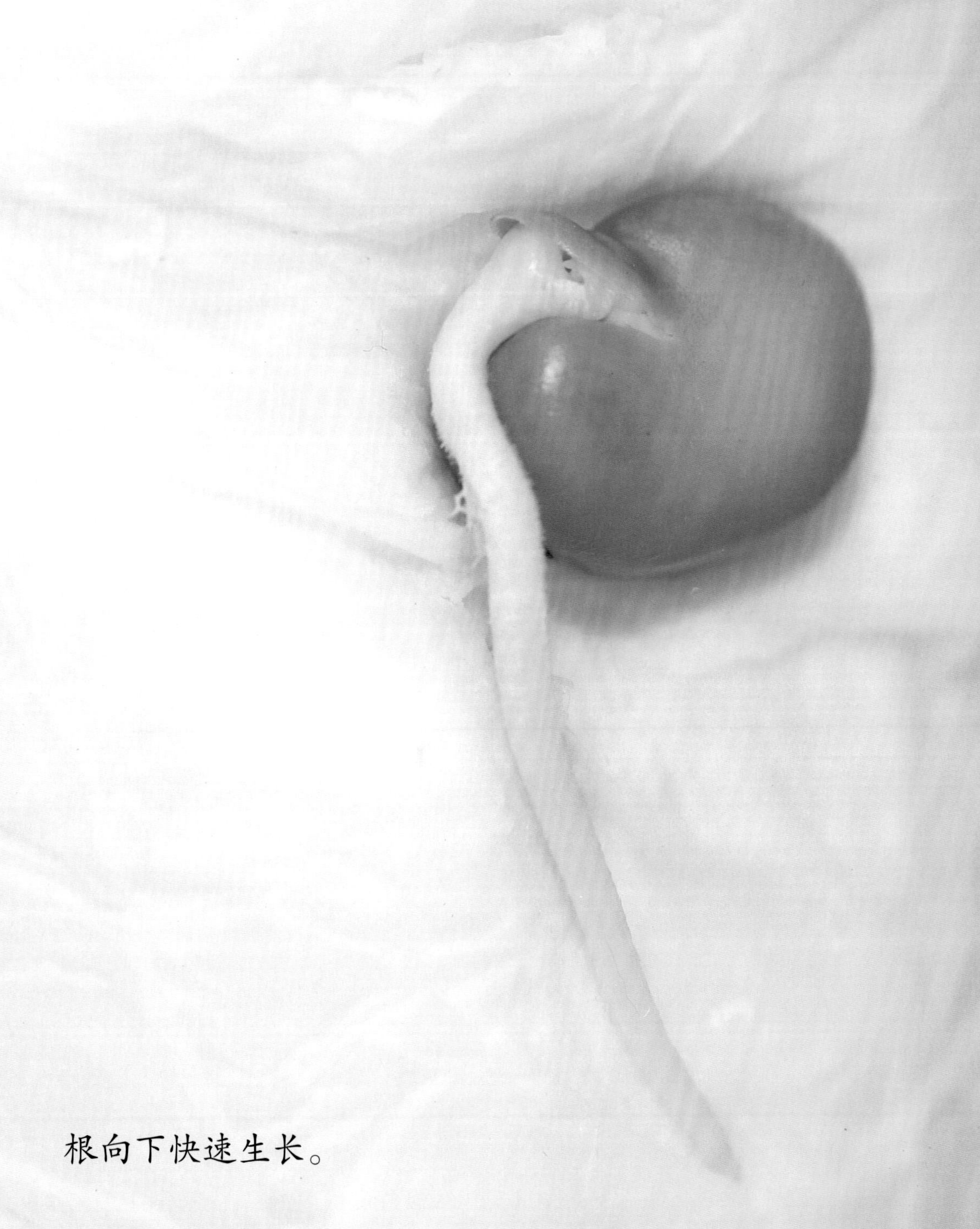

根向下快速生长。

它又长出了芽，芽由胚芽发育而成的。

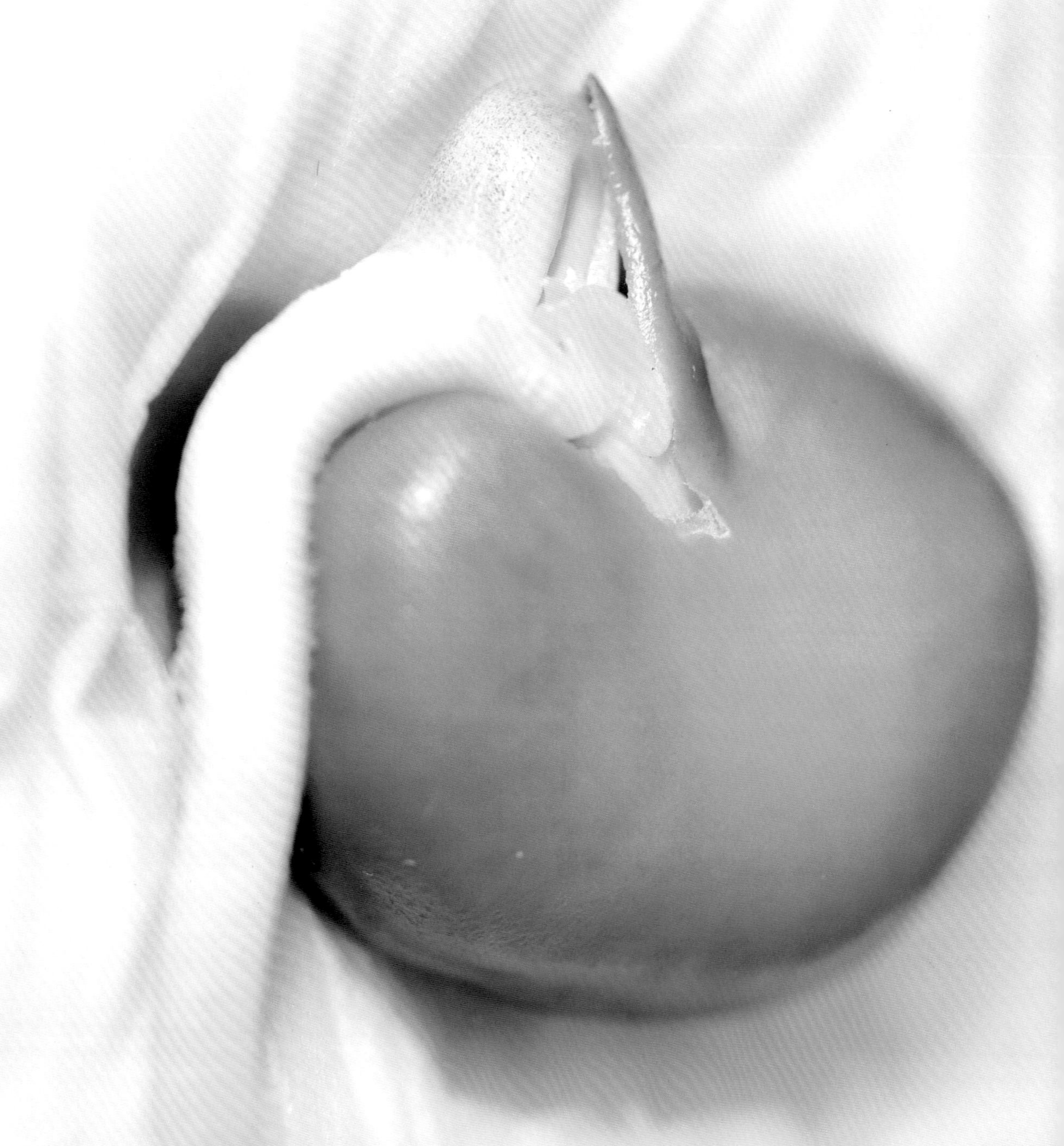

慢慢地，它长出了细嫩的小叶子。

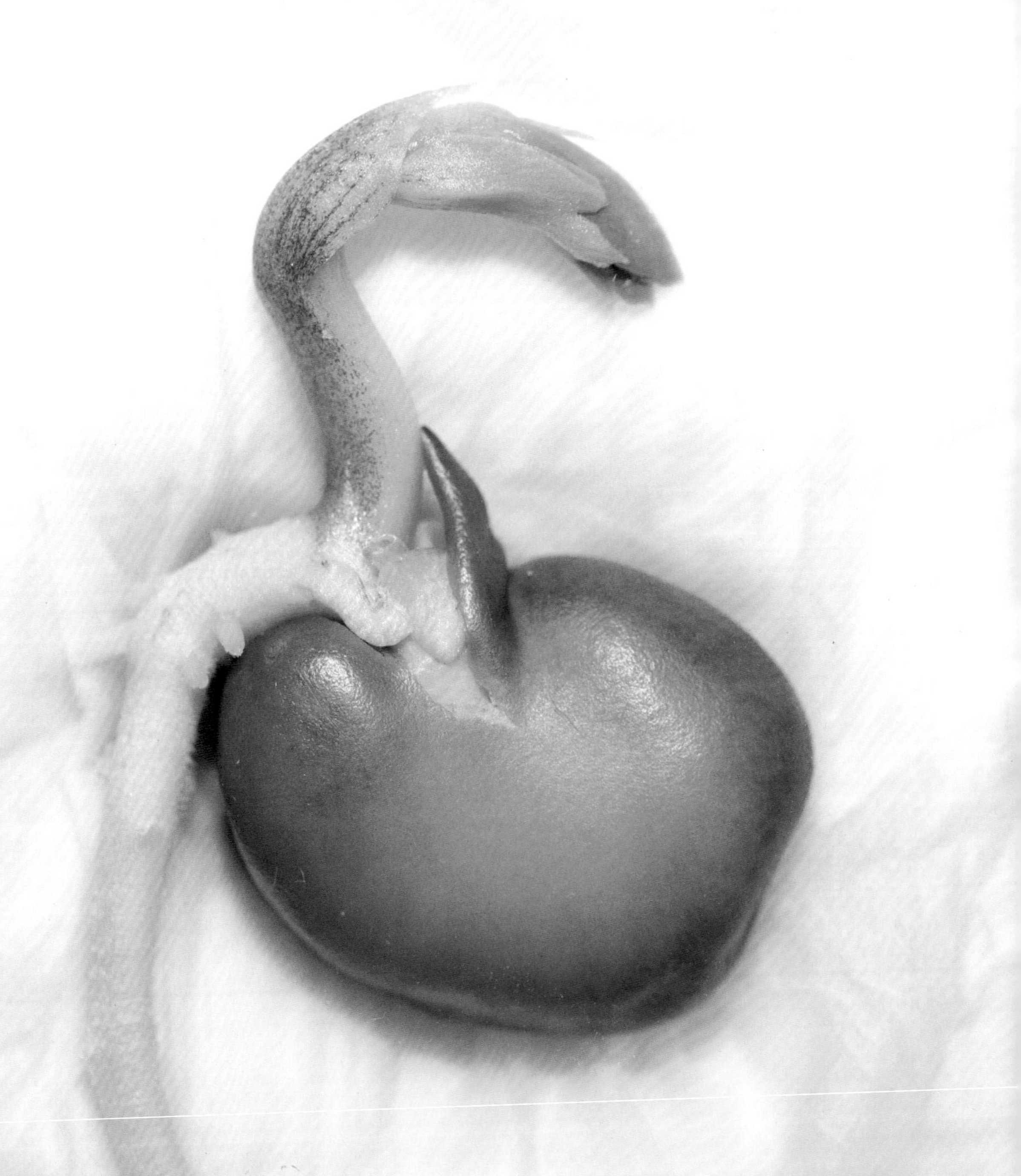

蚕豆的叶和茎在快速生长。

根也在快速生长。

种植在土壤中的蚕豆也生了根、发了芽。

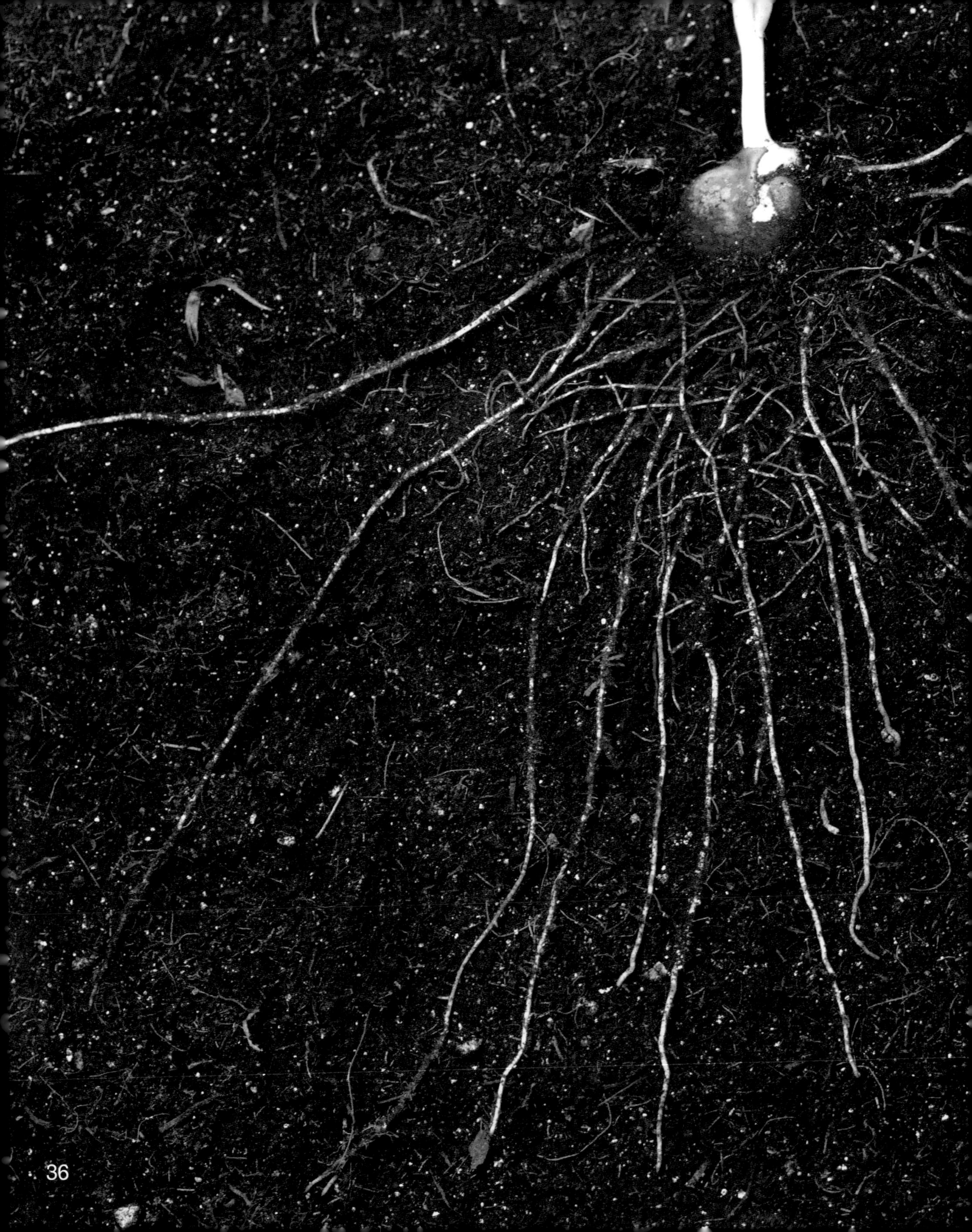